U0187806

动物访谈录

专访鲨鱼和其他海洋巨无霸

［英］安迪·锡德 著
［英］尼克·伊斯特 绘
刘思捷 译

·桂林·

ZHUANFANG SHAYU HE QITA HAIYANG JUWUBA

出版统筹：	汤文辉	美术编辑：	刘冬敏
品牌总监：	耿　磊	营销编辑：	董　薇
选题策划：	耿　磊	版权联络：	郭晓晨
责任编辑：	吕瑶瑶		张立飞
助理编辑：	宋婷婷	责任技编：	郭　鹏

Interview with a Shark & Other Ocean Giants Too
Published in 2021 by Welbeck Children's Books,
An imprint of Welbeck Children's Limited, part of Welbeck Publishing Group.

著作权合同登记号桂图登字：20-2021-203 号

图书在版编目（CIP）数据

专访鲨鱼和其他海洋巨无霸 /（英）安迪·锡德著；（英）尼克·伊斯特绘；
刘思捷译. —桂林：广西师范大学出版社，2021.7
（动物访谈录）
书名原文：Interview with a Shark & Other Ocean Giants Too
ISBN 978-7-5598-3869-8

Ⅰ. ①专… Ⅱ. ①安… ②尼… ③刘… Ⅲ. ①海洋生物－动物－少儿读物
Ⅳ. ①Q95-49

中国版本图书馆 CIP 数据核字（2021）第 108293 号

广西师范大学出版社出版发行
（广西桂林市五里店路 9 号　邮政编码：541004
网址：http://www.bbtpress.com）
出版人：黄轩庄
全国新华书店经销
北京博海升彩色印刷有限公司印刷
（北京市通州区中关村科技园通州园金桥科技产业基地环宇路 6 号　邮政编码：100076）
开本：787 mm × 1 092 mm　1/16
印张：3.5　　字数：50 千字
2021 年 7 月第 1 版　　2021 年 7 月第 1 次印刷
定价：50.00 元

目 录

简 介

当一条鲨鱼是什么感觉？蓝鲸最骄傲的事情是什么？大王乌贼会攻击人类的游船吗？魔鬼鱼有没有想过穿上一件衣服？……

你可能会觉得问这些问题有些傻气，但我还是想问一问。我想知道答案，如果你也想知道，那么，你一定不会后悔打开这本书。

几年前，我偶然发明了一种能和动物交流的机器！确实，我知道听起来有些让人难以置信，但是……好吧，我们接着往下看。更神奇的是，这台翻译机（我把它叫作翻译机）甚至可以在水下工作。

所以，我决定冒险一试！于是我穿戴潜水装备，纵身跳入大海，准备试一试这台神奇的机器。在大海里，我一共采访了10种人类已知的、令人不可思议的海洋巨无霸动物。然后，我又跳出了大海，透透气……

不管怎么说，我还是有点儿害怕。好吧，任何人在面对一头公牛鲨、一头巨大的虎鲸或者一只幽灵般的大王乌贼时，都会感到极度恐惧。但我还是和它们每一个都进行了交谈，你可以在这里读到我们的谈话内容。我希望你能喜欢，它们告诉我了一些非常了不起的事情……

专访公牛鲨

我现在就在大海里，感觉有点儿紧张，因为我的第一位采访嘉宾是一头公牛鲨，学名“白真鲨”。它体长3米多，长有一张咬合力惊人的大嘴！现在我就带你看看这头脾气暴躁但外形俊美的公牛鲨！

问题：当鲨鱼是什么感觉？
回答：谁在说话？

问题：呃，是我。我叫安迪，是一名作家。
回答：你可真像一个讨厌鬼！

问题：那么，当鲨鱼是什么感觉呢？
回答：哈，真是个愚蠢的问题……当个傻瓜是什么感觉？还能有什么感觉，就是当鲨鱼的感觉呗！

问题：对不起，我会尽量问一些更恰当的问题。
回答：好了，有话快说！

问题：我会的。为什么你们又被叫作“公牛鲨”？
回到：因为我们像公牛一样，高大壮硕，而且喜怒无常。嗷嗷！

问题：哇，好可怕！好吧好吧，我相信你！呃，你生活在哪里？

回答：在水里。哦，你想知道更详细的……如果你一定要知道，那我就告诉你，我生活在印度海岸的浅海水域，但其实全世界的温暖海域都有我们公牛鲨的身影。

问题：你们为什么不生活在深海里呢？

回答：好吧，讨厌鬼先生。首先，浅海水域有大量可供我们捕食的鱼类；其次，这意味着我们离河流更近。

问题：河流？

回答：你没听错！

问题：你们会游到河流里吗？

回答：当然。众所周知，我们公牛鲨的体质特殊，既可以在海洋的咸水中生活，也可以在河流的淡水中生活。

问题：你们为什么要逆流而上游到河流里呢？只是觉得好玩？

回答：你怎么有这么多问题！我不想在这里跟你废话，我觉得你的味道应该不错……

问题：不！不！我的味道很不好，闻起来就像是酸奶和臭袜子的混搭。

回答：好吧，你看起来也不怎么样。

问题：嗯，说真的，我想知道，你们为什么要游到河流里去呢？

回答：好吧，随便吧……河流里河水比较浑浊，方便我们偷偷接近鱼群而不被发现；而且，我们当中的雌性个体需要在河流里产子，在河流里，我们的后代可以少一些危险。

问题：什么危险？

回答：你不知道吗？在海里，威胁我们的有体形更大的鲨鱼：虎鲨和大白鲨；在河流里，只有鳄鱼偶尔会来骚扰我们。

问题：你们只吃鱼吗？

回答：哎呀，我们生活的地方也很难买到汉堡和薯条呀……不是的，我们抓到什么吃什么。

问题：你了解其他鲨鱼吗？

回答：不是很了解，特别是那些躲在深海里消磨时间的鲨鱼。但我见过双髻鲨、刺鲨和猫鲨。

问题：哈哈，它们的名字取得真有意思。你还知道其他什么鲨鱼吗？

回答：还有柠檬鲨、宽瓣鲨、蛙鲨、睡衣鲨、达摩鲨、豆腐鲨……能让你闭嘴了吗？

问题：哈哈，真有趣！最后一个问题：公牛鲨有时也会攻击人类。你们是有意攻击人类的吗？

回答：不是，但我现在就非常想攻击你。我们有时会把人类误认成鱼。实际上，我们会刻意避开人类，他们会捕杀我们，还会问我们一些令人讨厌的问题！

问题：我很抱歉。

回答：你明白就好啦！

专访蓝鲸

现在我要采访一个大家伙！我以前采访过很多大人物，但从来没有采访过体形如此巨大的嘉宾！它的身子有篮球场那么长，体重有25头大象那么重。对这位嘉宾——一头威猛的蓝鲸，我充满了敬畏之情！

问题：你几岁了？

回答：啊，直接……问人家……年龄……不太好吧……

问题：呃，你的语速好慢，你可以稍微说得快一点儿吗？否则，我只能摸黑划船回家了！

回答：好的。哦，你好小。

问题：啊，这样好多了！从个头上看，你的岁数一定很大了吧？

回答：按照你们人类的年龄来算，我可能有90岁了。

问题：所有人都知道你们是地球上体形最大的动物。这对于你很重要吗？

回答：我们家族虽然崇拜巨人，但那和身体的大小无关，我们更看重崇高的精神、广博的心胸、深邃的思想……

问题：好吧……呃，你真的没有牙齿吗？

回答：确实是这样。我不用牙齿撕咬食物，而是用嘴巴里的鲸须过滤海水中的微小生物，再将它们咽进肚子里。

问题：是那些被叫作磷虾的小动物吗？

回答：是的。磷虾只有你的小拇指那么大，但数百万只磷虾经常聚集在一起，看起来就像一团粉色的云朵。

问题：但像你这样的海洋巨无霸是怎样靠着捕食微小生物维持生存的呢？

回答：我有一张巨大的嘴巴，一次可以吞下200吨海水，嘴巴里的鲸须可以过滤成千上万只磷虾。我一天需要吃4吨磷虾，这样才感到饱了。

问题：哇！你一定是在排大便吧！

回答：那当然。跟在我身后游可不是个好主意。当我排泄的时候，可以排出一大团长达20米的橙黄色的粪便——这超级长的粪便可是粪便中的无价之宝——噗地一下就出来了！

问题：呃，你似乎对此很自豪。

回答：哈哈！呃，没有没有，我可是一头睿智、温和又儒雅的鲸，难道你忘了吗？

问题：世界各地已经很少看到你们的身影了。这是什么原因呢？

回答：确实是这样。在我刚出生的时候，我们的族群遍布世界各地，但如今，我们已濒临灭绝。唉，这都怪人类！

问题：为什么这么说？

回答：过去，人类发现我们可以让他们致富，所以他们划着渔船用捕鲸叉猎杀我们，将我们剁碎制成肉制品或用皮下脂肪来炼油。他们甚至利用我们的皮肤来制作时尚服饰。

问题：太可怕了……我很抱歉。这种事情是怎么停下来的？

回答：有些人很有智慧，他们让越来越多的人关注到了我们濒临灭绝的处境。1965年，他们让全世界达成了共识——停止捕杀蓝鲸。在此之前，海水都被我们的鲜血染红了……

问题：现在蓝鲸的数量在增加吗？

回答：数量增加得不太明显。全球变暖正在影响我们的主要食物——磷虾，轮船发动机的噪音也让我们备受煎熬，我们的身体更是被塑料碎片折磨得痛不欲生……我们仍然身处险境。

问题：这太不幸了。奇怪的是有好多人深深地喜欢着你们。你们知道吗？

回答：是的，我们知道。但这意味着他们会乘越来越多的观光船来看我们，噪音也会越来越大，我们的安宁日子会越来越少……

问题：你最后想要对人类说些什么？

回答：请记住一件事：是我们蓝鲸——海洋之王——古老而又伟大的海洋生物，拉出了世界上最长的便便！

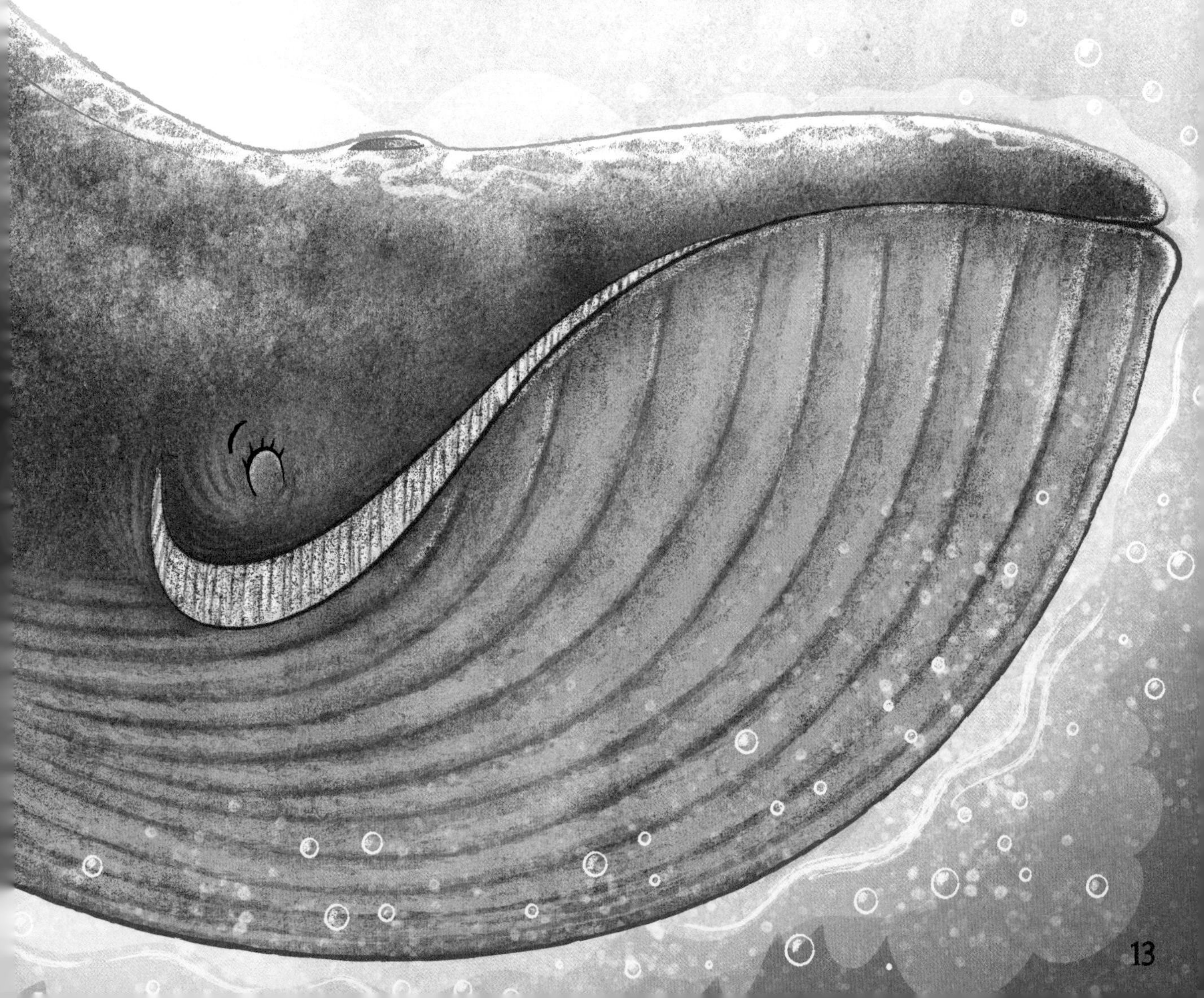

专访虎鲸

接下来接受采访的嘉宾是大家一定不敢去招惹的黑白色的海洋怪兽。它的嘴巴里长着很多尖利的牙齿。它非常聪明、有主见。让我们热烈欢迎——虎鲸！

问题：大家都知道虎鲸也叫杀人鲸，但你们真的和海豚是同一个物种吗？

回答：我能说“到这里来真是太棒了”吗？我是你的忠实粉丝，久仰大名，非常荣幸！

问题：哎呀，谢谢，你太亲切了。另外，能回答一下我的问题吗？

回答：哦，很抱歉！我经常这样。是我不好。呃，你刚才问了什么？

问题：你们是一种海豚吗？

回答：哦，我明白了！答案是……等等……等等……是的！

问题：好吧，如果你们实际上是一种海豚，那人们为什么叫你们虎鲸？

回答：问得好！所以，答案是……我也不知道！完全不清楚！这太疯狂了，不是吗？等等！也许是因为我们有时……偶尔……或许……呃……会猎杀鲸。

问题：但是鲸不是比你们的体形更大吗？

回答：嘿，你知道，我们的体形已经够大了！我们的身长约8米，体重约6吨，兄弟！有些鲸的体形比我们大，但是，有些比我们小，对我们来说，它们是非常不错的开胃点心！那些长相肥美的吃起来更是香甜可口……

问题：你们还吃什么？

回答：终于谈到食物了！现在的问题才合情理嘛！我们主要吃鱼、海豹、鱿鱼、瘦弱的海豚、海龟、海狮，也吃一些古怪的鲨鱼，权且当零食点心了。

问题：你们吃鲨鱼？你们不怕它们吗？

回答：哈！兄弟，你真的是什么都不知道啊！应该是它们怕我们！我们体形更大，更强壮，而且我们擅长团队协作，共同捕猎——我们是一群围猎一只！

问题：那么，你们具体是如何对付像鲸或鲨鱼这类大型动物的呢？

回答：问得好！我们通常会团队协作：有时我们会采用疲劳战术，轮流追逐猎物；有时我们会迫使猎物游入深海，将它们溺死，或者将它们撞晕。我们还会用尾巴撞击一些体形较小的猎物。我们很聪明，非常聪明！

我不是网球。

问题：有什么动物会攻击你们吗？

回答：哈！不可能，我们是海中霸主！

问题：你们如何与团队里的其他成员保持联系呢？

回答：我们不需要智能手机，我们可以远距离发出各种声音，如“咔嗒”声、口哨声和脉冲似的声音等。我们的视觉和听觉也很发达。

问题：你怎样看待人类把虎鲸豢养在海洋公园为人类表演节目的行为呢？

回答：太卑劣了，伙计，这种行为太糟糕了，就像把它们关进监狱一样。我们生而自由！我希望人类能尽快结束这种行为。是的，我们很聪明，所以我们会表演一些把戏，但我们是野生动物，不是宠物，这一点人类不清楚吗？

问题：我知道你很反感这件事情。你还有其他讨厌的事情吗？

回答：哎，别提了！我讨厌各种污染问题，如石油泄漏，你们把石油倾泻到大海里，让我们生病；还有塑料。我们还会被渔网困住。人类船舶产生的噪音也让我们十分困扰……快停下吧！

问题：哦，天哪！对不起，虎鲸先生。我还有最后一个问题：你们是怎么睡觉的？

回答：我们和你们人类很不一样！我们每次休息时，都只休息一侧的大脑，另一侧的大脑可以让我们维持呼吸，在水里缓慢游动，过一会儿，再换另一侧休息！很神奇，不是吗？好了，你最好再去找找其他有趣的故事吧！

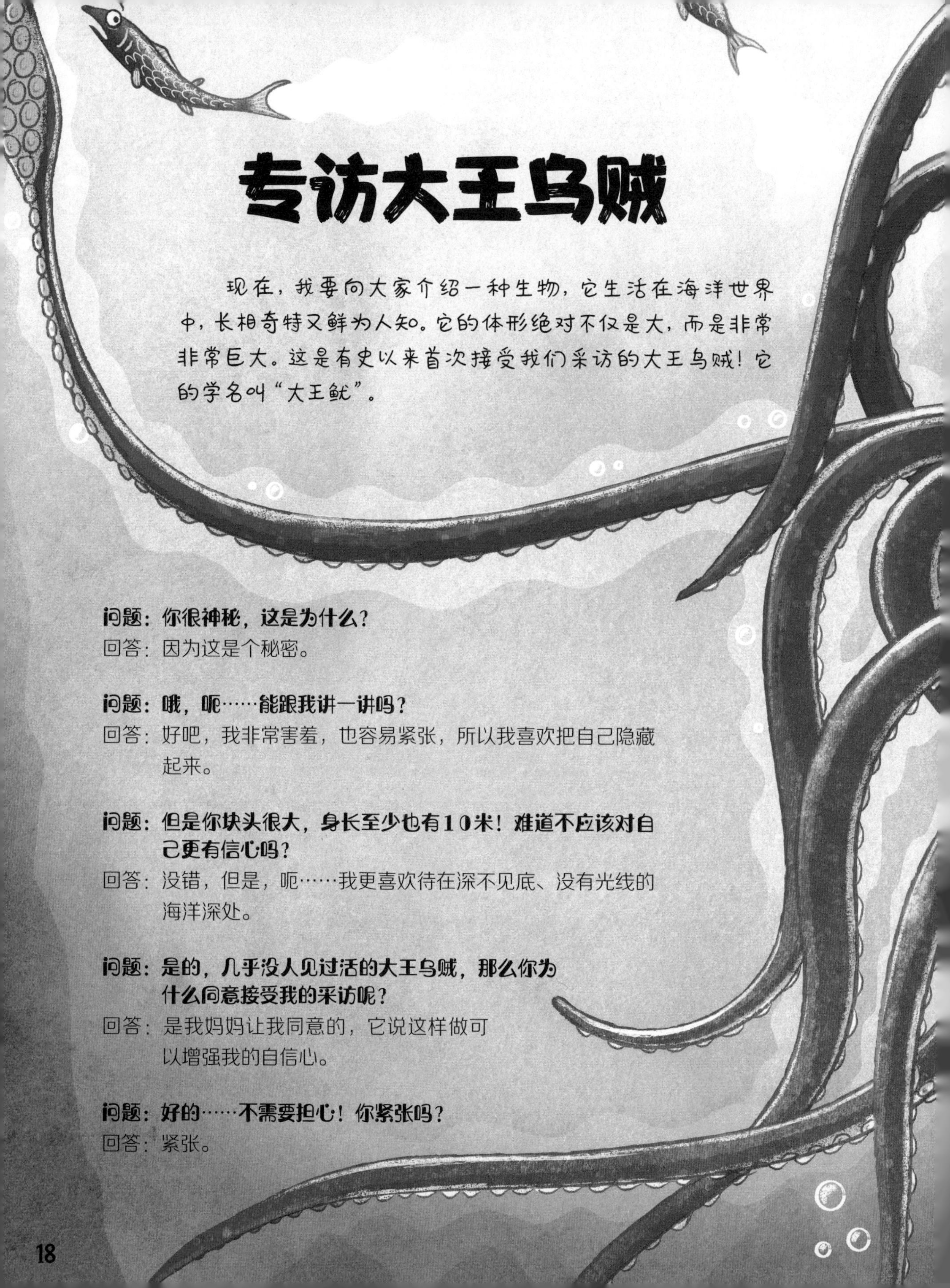

专访大王乌贼

现在，我要向大家介绍一种生物，它生活在海洋世界中，长相奇特又鲜为人知。它的体形绝对不仅是大，而是非常非常巨大。这是有史以来首次接受我们采访的大王乌贼！它的学名叫“大王鱿”。

问题：你很神秘，这是为什么？

回答：因为这是个秘密。

问题：哦，呃……能跟我讲一讲吗？

回答：好吧，我非常害羞，也容易紧张，所以我喜欢把自己隐藏起来。

问题：但是你块头很大，身长至少也有10米！难道不应该对自己更有信心吗？

回答：没错，但是，呃……我更喜欢待在深不见底、没有光线的海洋深处。

问题：是的，几乎没人见过活的大王乌贼，那么你为什么同意接受我的采访呢？

回答：是我妈妈让我同意的，它说这样做可以增强我的自信心。

问题：好的……不需要担心！你紧张吗？

回答：紧张。

问题：哦，好吧，我们还是继续聊吧！你的眼睛有人类的餐盘那么大，它们为什么要长这么大？

回答：海平面以下500米深的地方一片漆黑。眼睛大可以接收更多光线，这样我就更容易发现猎物和危险。

问题：你吃什么？

回答：主要吃鱼，但也吃小一点儿的鱿鱼。呃，我回答得还可以吧？

问题：你回答得很好。放松点儿！那么，你是怎么抓鱼的呢？我都看不到你的嘴巴。事实上，我还想知道你现在是怎么说话的……

回答：啊，好吧，其实，我们是用两个特殊的进食触手抓鱼。我们的触手长达8米，末端长有带锋利锯齿的吸盘，可以将鱼牢牢地夹住。然后，我们会把鱼拉入我们的类似鸟嘴的喙里。

问题：你有喙！那你是鸟吗？！

回答：哦，不，我是软体动物。蜗牛和鼻涕虫也是软体动物，但我们与章鱼的关系更密切。

问题：你有八条手臂吗？

回答：是的，我有八条强壮的手臂和两条长长的触手。

问题：你是用手臂游动的吗？

回答：哦，不，不是，我用它们来对付其他乌贼，防御对手的攻击。我靠头上的漏斗管喷水时产生的反作用力来游动。

问题：好的！你的天敌是什么？它们一定体形巨大，所以才能攻击你吧？

回答：哦，天哪，我就害怕你问这个问题……

问题：没关系，你在这里很安全。哦，有几条鲨鱼和虎鲸在附近巡游，但它们非常友好。

回答：哦，不，哦……我现在浑身发抖……我不喜欢谈论我的天敌——抹香鲸。唉，我还是说出来了。它们体形庞大，身体强壮，游动速度快，而且嘴巴里还长满了牙齿。面对它们时，我毫无招架之力……

问题：我很同情你。但今天这里没有抹香鲸（谢天谢地）。呃……我们换个话题，你能告诉我，大王乌贼最突出的三个特征吗？

回答：嗯，哦，好吧……第一，我们可以喷出墨汁迷惑敌人。第二，我们的舌头上长有牙齿。第三，我们有三颗心脏。

问题：真不可思议！最后一个问题，以前有作家描述过大王乌贼状的怪物曾击沉过人类的船只。你会那样做吗？

回答：会。

问题：真的吗？

回答：不是啦，我可不会那么做……刚刚是一只树懒让我这样回答来逗逗你的。你可真像只呆头鹅。嗯……我能走了吗？我要去尿尿。

专访独角鲸

接下来，我很高兴向大家介绍地球上的神秘动物之一。它重达1.4吨，身长约5米，有一根从左上颚凸出唇外的长长的尖牙，是的，它就是神秘的独角鲸！它的学名叫“一角鲸”。

问题：你知道人类叫你们“海洋独角兽”吗？

回答：当然，我们知道人类总是为了我们的角猎杀我们，但独角兽不是一种马吗？

问题：说的没错！我想那是因为以前的人类认为你们的角拥有某种魔力。我喜欢你的回答方式，你的声音很好听，像吹哨一样。

回答：呵呵，你知道的，我可不是在吹什么口哨，而是在讲一个事实。

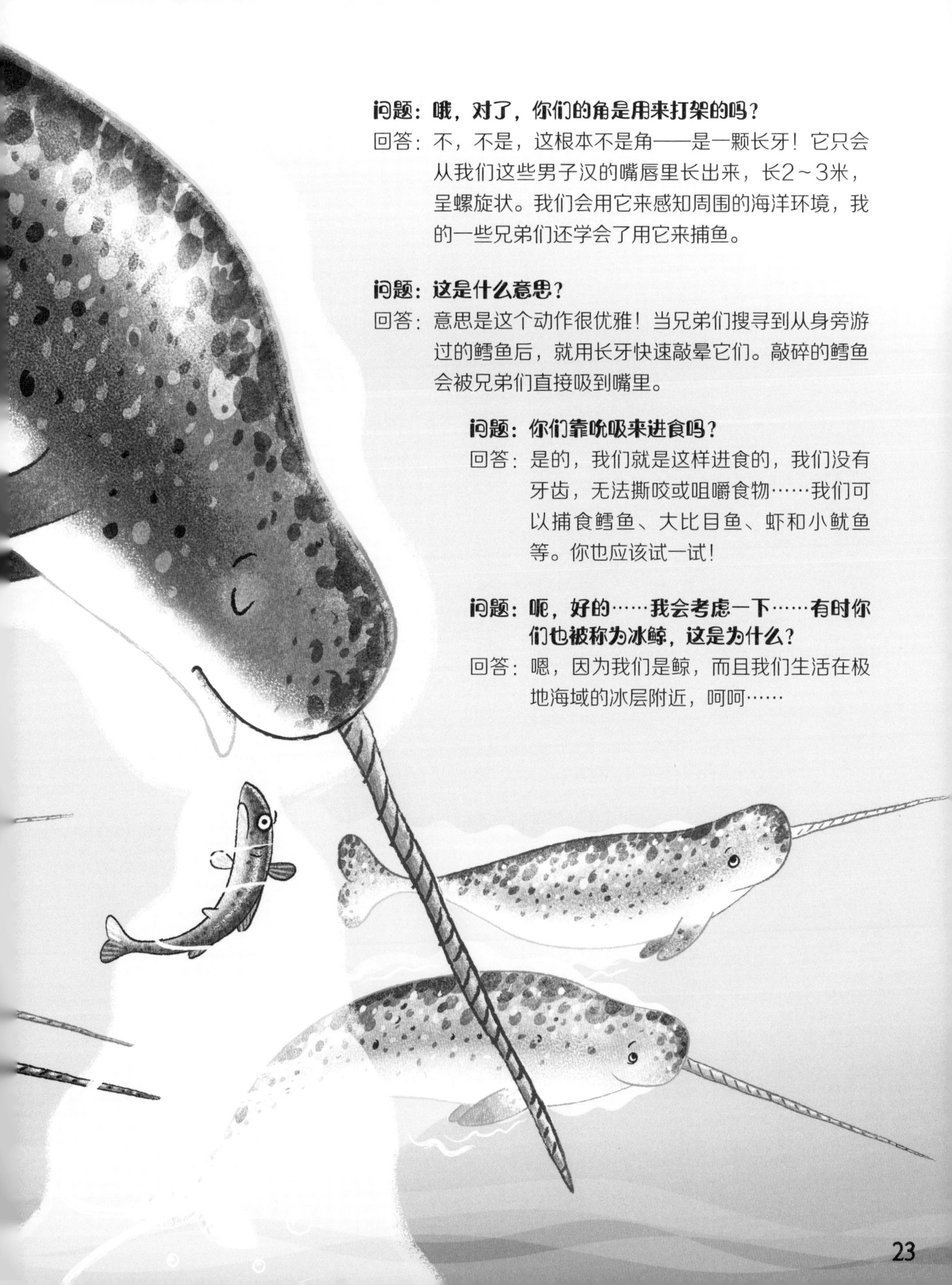

问题：哦，对了，你们的角是用来打架的吗？

回答：不，不是，这根本不是角——是一颗长牙！它只会从我们这些男子汉的嘴唇里长出来，长2~3米，呈螺旋状。我们会用它来感知周围的海洋环境，我的一些兄弟们还学会了用它来捕鱼。

问题：这是什么意思？

回答：意思是这个动作很优雅！当兄弟们搜寻到从身旁游过的鳕鱼后，就用长牙快速敲晕它们。敲碎的鳕鱼会被兄弟们直接吸到嘴里。

问题：你们靠吮吸来进食吗？

回答：是的，我们就是这样进食的，我们没有牙齿，无法撕咬或咀嚼食物……我们可以捕食鳕鱼、大比目鱼、虾和小鱿鱼等。你也应该试一试！

问题：呃，好的……我会考虑一下……有时你们也被称为冰鲸，这是为什么？

回答：嗯，因为我们是鲸，而且我们生活在极地海域的冰层附近，呵呵……

问题：你能再多讲讲吗？

回答：好吧。我们生活在加拿大、俄罗斯和挪威周边寒冷的北极海域。在冬天，那里的海水会结冰，这对我们独角鲸来说，非常危险。

问题：有什么危险？

回答：哦，我们一般是在冰层周围寻找食物，但如果我们在那里待得太久，海面一旦结冰，我们就不能浮出水面呼吸了。

问题：被冰层困住好可怕啊！这种情况在你身上发生过吗？

回答：就一次，感觉不太好。我游了将近2 000米才在冰面上找到了一个洞。

问题：我采访过好几位捕食鲸的动物（很抱歉提到这种事情）。哪些是你们需要警惕的？

回答：它们中的一些极其讨厌。虎鲸会在海湾那里伏击我们，北极熊从冰窟窿里捕食我们的孩子，巨大的格陵兰鲨有时也会猎杀我们。这些卑鄙的家伙！

问题：关于你自己，你还有什么需要讲的吗？

回答：我可以下潜至海面下至少1500米深的水域。我不喜欢人类、噪音、船舶。当我变老的时候，我通身的黑色就会变成白色。

问题：你有什么爱好吗？

回答：有啊，如集邮、瑜伽和插花。

问题：真的吗？

回答：不是，不是，当然不是真的了，逗你的！

问题：最后一个问题：你最喜欢哪个地方，是冰岛吗？

回答：当然不是，我最喜欢威尔士！

专访魔鬼鱼

哇，我要采访的这一位海洋巨无霸，身宽几乎有6米！它和大家见过的任何动物都不一样：它身体扁平，游动时动作优雅且流畅，这就是神奇的魔鬼鱼！学名叫“蝠鲼”。

问题：你好吗？

回答：我真是太漂亮了！能被你收录在书里，我简直太高兴了。你会送我一本有你签名的书吗？最好使用可以防水的纸张。

问题：呃，我会想办法的……好的，我在书里有时会读到人们叫你魔鬼鱼，我挺惊讶的，你看起来并不让人讨厌，也不邪恶，我说的对吗？

回答：我吗？是的，我并不是真的像魔鬼那样！我善良、温柔、甜美。你想喝杯茶、吃些甜点吗？

问题：你会泡茶？

回答：不会，我只是客气一下。我以为人类会喜欢喝茶、吃甜点。

问题：嗯，没错，但是魔鬼鱼的名号是怎么来的呢？

回答：哦，很抱歉，言归正传……那种称呼纯粹是胡说八道！因为我的头上长有两个鳍，当我把它们卷起来时，它们看起来就像魔鬼头上的角，就是这样。顺便说一下，我喜欢你的衬衫。

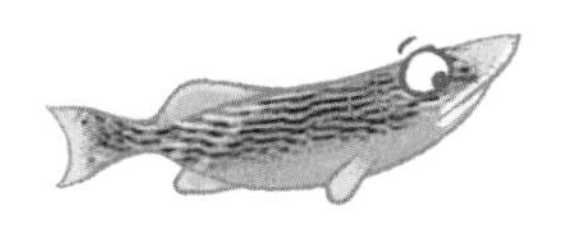

问题：哦，谢谢。魔鬼鱼是不穿衣服的，你想象过穿上衣服的感觉吗？

回答：我真的很想要一顶大礼帽，但遗憾的是我所生活的热带海洋里没有商店。

问题：好吧。我注意到你跟大多数鱼类不一样，不是靠摆动尾巴来游动的。你是怎么游动的？

回答：问得好。我有大大的胸鳍，它有点儿像鸟类的翅膀。我扑扇胸鳍，让它们向后推动海水。你不觉得这样游动更优雅吗？

问题：哦，是的，我同意。呃，你知道你的肚子上粘着一条小鱼吗？

回答：确实。一条鲫鱼。我虽然是一条脾气温和的魔鬼鱼，但是这家伙确实让人恼火，它只是想搭便车！简直就是不受欢迎的偷渡者！讨厌鬼！

问题：有你喜欢的鱼吗？

回答：噢，有的。顺便说一句，非常抱歉我刚才说得有些粗俗，我必须道歉。对了，我们接着说鱼。我喜欢可以让我吃的鱼，我还喜欢能帮我清洁身体的鱼。

问题：帮你清洁身体？

回答：是这样的：有时我会停靠在珊瑚礁旁，那里的一些小鱼就会游过来啄食我身上的寄生虫和死皮。它们为我提供了非常舒服的免费服务。

问题：你还吃什么？

回答：我受不了咖喱……我喜欢吃小东西：靠近海面的浮游生物，以及水下200米深的深海小鱼。

问题：魔鬼鱼是怎么看待人类的呢？

回答：嗯，你人很好，但是有些人就太卑劣了。

问题：为什么？

回答：那些潜水的观光客会抓住我们的尾巴或鳍拖着我们走。这会破坏我们皮肤上的黏液。

问题：哇，你身上的黏液都是鼻涕吗？

回答：很多鱼摸起来都很滑溜。就是这些黏液让我通身这么滑溜的！它有助于保护我远离细菌和其他有害物质的侵害。

问题：啊，我明白了。为什么人类对你们来说是个问题？

回答：人类会使用巨大的渔网，有时，我们会被这些渔网缠住。而且，他们还会往大海里倾倒垃圾……

问题：是的，这太糟糕了，我很抱歉。我们正在努力改善。

回答：听到这个消息，我真的很高兴！谢谢，亲爱的。

问题：你还有什么想对我们年轻的读者说的吗？

回答：当然。请不要在海里小便，我还得喝海水呢！

专访海洋太阳鱼

这位来自水下的嘉宾可能是大家见过的最具好奇心的生物之一。它既是海洋世界里真正的大美人，也是有史以来第一次接受我访谈的鱼。是的，它就是海洋太阳鱼！学名叫“翻车鲀”。

问题：你知道你为什么被人类称为太阳鱼吗？

回答：不知道。

问题：哦，好吧，我的研究表明这可能是因为你的身体就像发光的太阳一样。也有人认为这是因为当你漂浮在水面上的时候，就像是在晒日光浴。具体是哪一种呢？

回答：不知道。

问题：好吧，嗯……你能告诉我一些关于你自己的事情吗？

回答：当然可以。

问题：例如呢？

回答：我不喜欢海狮。

问题：这是为什么呢？

回答：它们有时会咬我。鲨鱼和虎鲸有时也会咬我。

问题：也许是因为你的体形太大了。约有3米长、3米高，体重能超过1吨！

回答：是的，但我游得慢，也没有能反击敌人的牙齿。

问题：没有尾巴你是怎么游动的？

回答：没有尾巴你是怎么走路的？

问题：答得好。呃……我发现你有很多昵称。你的学名叫翻车鲀，也叫磨盘；有些人叫你月亮鱼；你在德语中的绰号是“游泳的头”。这些你都知道吗？

回答：我现在都知道了，但我不在乎。

问题：那你在乎什么？

回答：寻找食物，寻觅伴侣，想办法摆脱我皮肤里的寄生虫。哦，还要避开塑料袋。

问题：塑料袋是个问题吗？

回答：是的，在海洋里，它们看起来像水母，所以有时我会吃掉它们，但它们会让我患上严重的疾病。我建议你们人类不要再使用塑料袋啦！

问题：我赞同。呃，你提到了你皮肤里有寄生虫。它们是什么？

回答：它们是生活在我身体里和皮肤表面的微小生物，类似于跳蚤和虱子。它们让我又痒又不舒服，我想把它们都清除掉！有一些鱼类和鸟类可以帮我清除掉这些寄生虫。

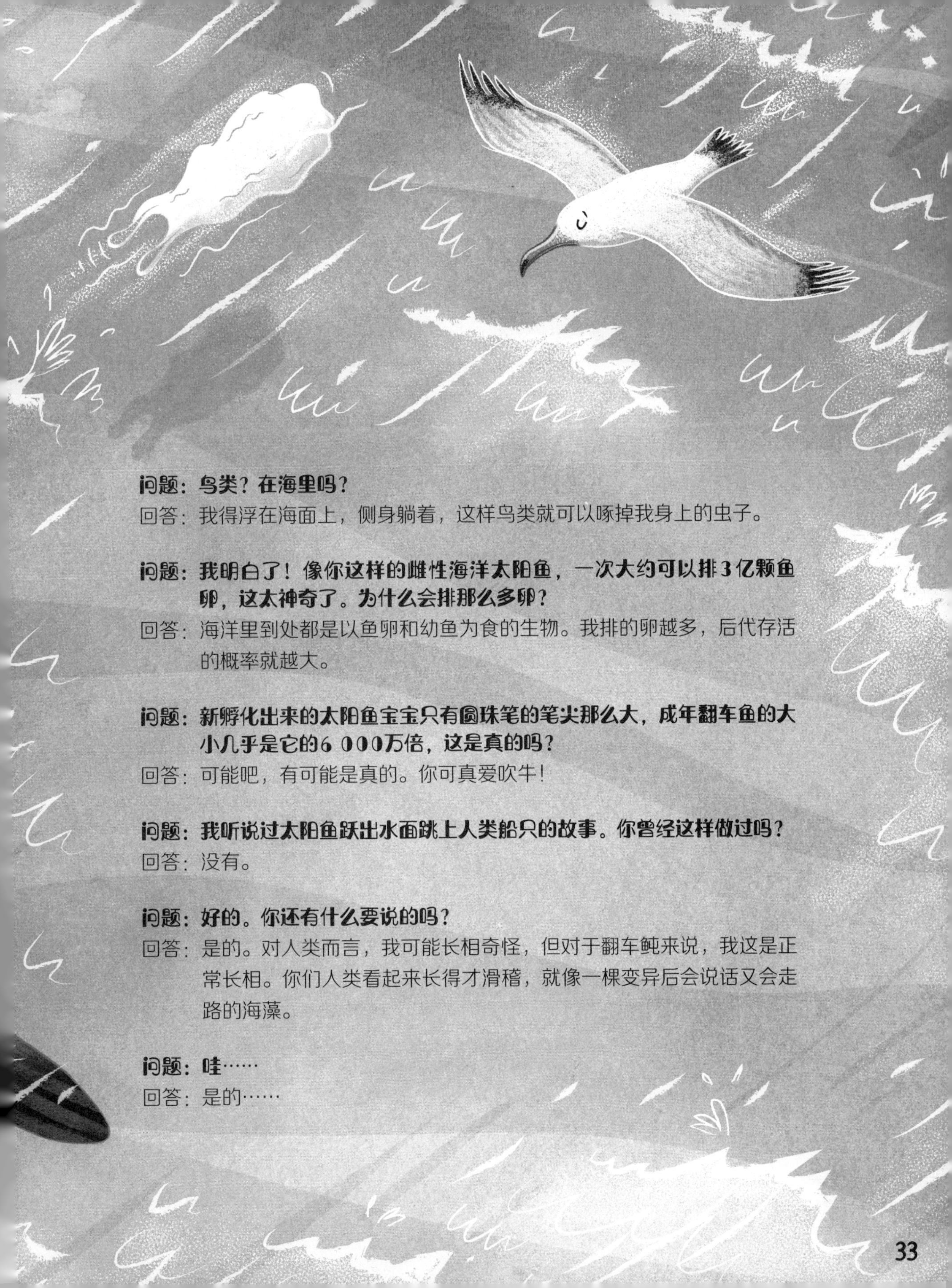

问题：鸟类？在海里吗？

回答：我得浮在海面上，侧身躺着，这样鸟类就可以啄掉我身上的虫子。

问题：我明白了！像你这样的雌性海洋太阳鱼，一次大约可以排3亿颗鱼卵，这太神奇了。为什么会排那么多卵？

回答：海洋里到处都是以鱼卵和幼鱼为食的生物。我排的卵越多，后代存活的概率就越大。

问题：新孵化出来的太阳鱼宝宝只有圆珠笔的笔尖那么大，成年翻车鱼的大小几乎是它的6 000万倍，这是真的吗？

回答：可能吧，有可能是真的。你可真爱吹牛！

问题：我听说过太阳鱼跃出水面跳上人类船只的故事。你曾经这样做过吗？

回答：没有。

问题：好的。你还有什么要说的吗？

回答：是的。对人类而言，我可能长相奇怪，但对于翻车鲀来说，我这是正常长相。你们人类看起来长得才滑稽，就像一棵变异后会说话又会走路的海藻。

问题：哇……

回答：是的……

专访章鱼

我接下来要采访的嘉宾称得上完美无缺。它绵软、聪明、神秘，让人惊艳，一次可以手握八份冰激凌。它就是神奇的章鱼！

问题：你属于哪一种章鱼？

回答：真正优秀的那一种！哈哈……我其实是一只太平洋巨型章鱼，但朋友们都叫我士兵，因为我全副武装！

问题：哦……因为你有八条手臂……我明白了。但它们是腿吗？还是触手？

回答：嗯，它们什么都能做，既是手臂，也是腿，同时也是触手。我甚至可以用它们尝出食物的味道！

问题：哇！我得知你没有骨骼，但章鱼的血真的是蓝色的吗？
回答：是的！我已经被问过成千上万遍了！

问题：你好像很喜欢开玩笑，能讲一个你认为最好笑的笑话吗？
回答：好吧，好吧，好吧……你知道章鱼为什么会脸红吗?

问题：我不知道。为什么？
回答：因为它看到了大海的下面[①]！哈哈！

问题：太好笑了。呃，你可以变色吗？
回答：当然可以。我可以改变肤色，与周围环境融为一体！这样的伪装可以帮助我悄悄接近猎物，还可以躲避饥饿的海豚和海獭的追击。

问题：你通常吃什么？
回答：螃蟹、龙虾、鱼、蛤蜊和炒面。

问题：真的吗？
回答：不是啦，炒面的事情是我在撒谎，哈哈！

① 这里的原文是“the bottom of the sea”，暗含“大海的内裤”的意思。——译者注

问题：我在一本书里读到过“章鱼的寿命并不是很长”。这是真的吗？

回答：哎呀……是的，这是真的。雌性产卵后不久就会死亡，雄性交配后也会死亡，但雌性有时会在自己死之前先吃掉雄性。听起来这并不是一次浪漫的临别约会，是吧？

问题：哇，我很庆幸我不是一只章鱼！

回答：你说得对，但我们可以做一些很酷的事情，如对着敌人喷墨汁。如果我们被一条饥饿的鱼咬断了一条手臂，还会长出一条新的手臂，我们章鱼不需要医生！

问题：再讲一个笑话吧！

回答：你怎么逗乐一只章鱼？

问题：继续说，怎么做？

回答：你挠它十下。

问题：挠十下痒痒吗？哦，你这些触手！可太吓人了！你能讲讲关于自己的其他事情吗？

回答：当然可以！我的嘴巴上长着锋利的喙，我有毒性，还有发达的大脑，我很少乘出租车出行。

问题：你是只会走路，还是既会走路也会游动？

回答：两种都可以。游动时我会通过漏斗喷水，类似于喷射推进，但不会产生噪音和烟雾！

问题：你住在哪里？

回答：唔……我买不起房子，也买不起公寓，所以我就住在我自己建的一个舒适的水下洞穴里。

问题：听起来真不错！最后你要不要再讲一个笑话？

回答：好啊！你知道章鱼最喜欢的书是什么吗？

问题：我不知道。是什么？

回答：《小鱿鱼日记》！

问题：真让人无语。

回答：再见了，亲爱的粉丝们，很开心，照顾好自己，做个好梦，我爱你们所有人！

专访海鳗

现在我们来见一见深海里令人闻风丧胆的猎食者，它通常潜伏在欧洲附近的海域里。它身长近2米，在撕咬猎物时可以像斗牛犬一样凶猛，它就是海鳗！它的学名叫“康吉鳗”。

问题：你看起来像条蛇。你是蛇吗？

回答：蛇是什么？

问题：它看起来跟你长得很像，但通常生活在陆地上。它有鳞片，但没有鳍。对此你怎么看？

回答：我有鳍但没有鳞片，我生活在海里，我是一条鳗鱼。这样算是回答了你的问题吗？

问题：是的，谢谢。你为什么喜欢住在石洞内和沉船里呢？

回答：它们是很好的藏身之处，我可以在那里伏击鱼虾或乌贼。我喜欢待在黑暗的环境里，躲开敌人的视线，然后就是——砰！突然出击，接下来就可以一口一口地享受美味了。你会伏击你的食物吗？

问题：呃……唔……我总不能说我曾经藏在超市里陈列西红柿罐头的货架后面，然后突然冲出去制服了冷冻比萨吧。我不会伏击我的食物。你还吃别的东西吗？

回答：海底腐烂的尸体。我不挑食。

问题：你的梦想是什么？

回答：没有，反正我也不做梦。

问题：对不起，我的意思是你有什么特别想做的事情吗？

回答：有的，我想撞向一条巨大的鲱鱼，然后一口把它吞下去。

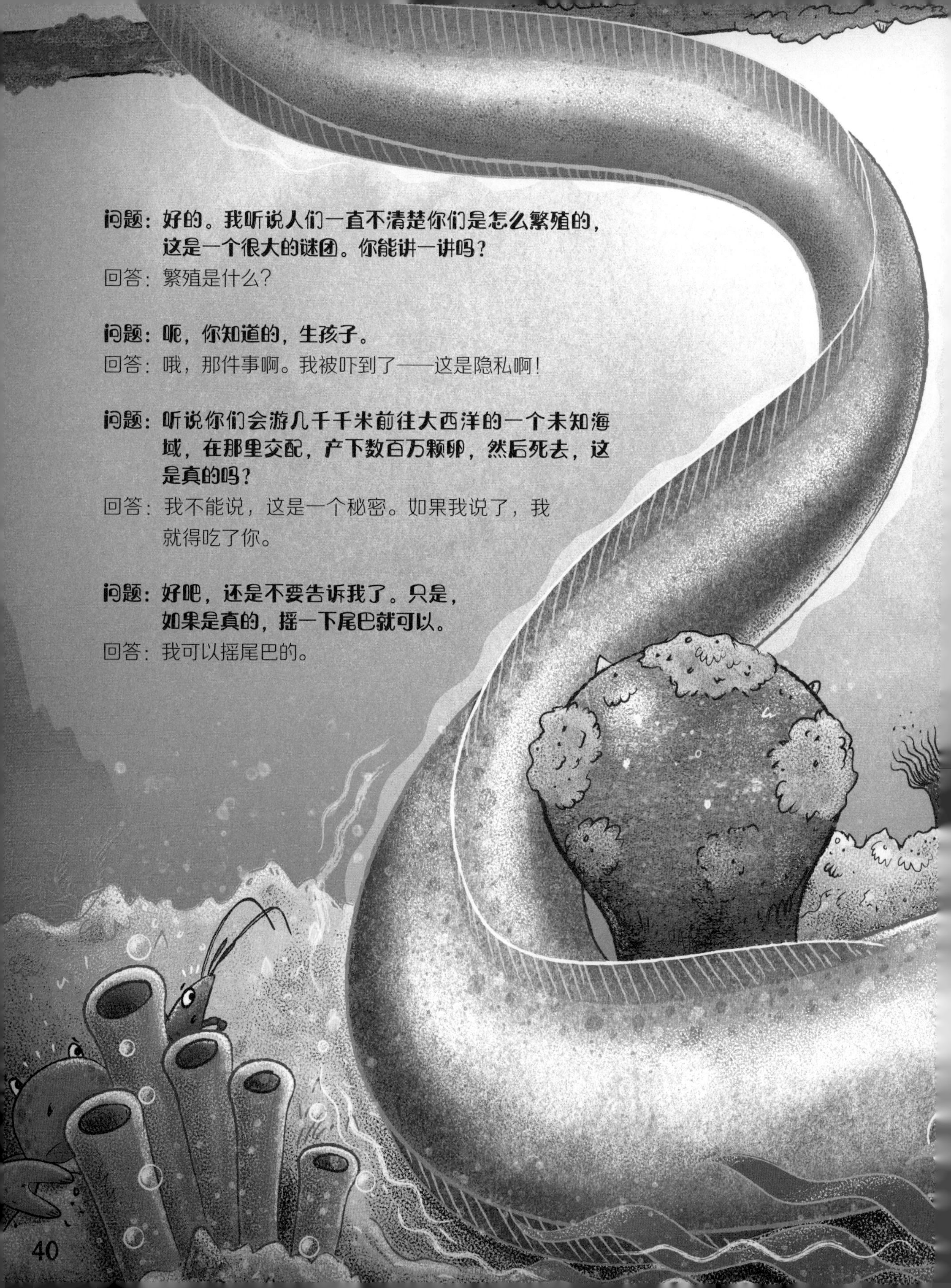

问题：好的。我听说人们一直不清楚你们是怎么繁殖的，这是一个很大的谜团。你能讲一讲吗？

回答：繁殖是什么？

问题：呃，你知道的，生孩子。

回答：哦，那件事啊。我被吓到了——这是隐私啊！

问题：听说你们会游几千千米前往大西洋的一个未知海域，在那里交配，产下数百万颗卵，然后死去，这是真的吗？

回答：我不能说，这是一个秘密。如果我说了，我就得吃了你。

问题：好吧，还是不要告诉我了。只是，如果是真的，摇一下尾巴就可以。

回答：我可以摇尾巴的。

问题：谢谢你摇了摇尾巴！现在，我们说回食物：你最喜欢什么口味的冰激凌？

回答：呃，有鱿鱼和螃蟹味的吗？

问题：这不太可能会有。我注意到你长着锋利的牙齿，还可以像水下的吸尘器一样吸入食物。你是怎么做到的？

回答：我不太清楚。我天生就能做到。

问题：好吧……你是一条鱼，但你游动的方式看起来与其他鱼不太一样。是这样吗？

回答：啊，这个我知道！大多数鱼游动时，都是将身体从一侧摆动到另一侧，特别是摆动尾巴，从而将水推向身后，但我们的身体太长了，所以，我们会制造沿着我们的身体向后移动的水波。如果我们把水波逆向再推回来，我们就能倒着游动，其他鱼做不到这一点。

问题：真有意思！好了，最后一个问题，也是一个很有趣的问题。我听说你们还有另一个名字——“康吉鳗”，那么你会跳康加舞吗？

回答：我不知道你在说什么。

问题：完美……

回答：我走了，拜拜！

专访琵琶鱼

我的最后一位采访对象是我见过的既怪异又令人毛骨悚然的动物之一。它身长在1米左右，却长着一只巨大而且丑陋的嘴巴，它就是琵琶鱼！它的学名叫“鮟鱇”。

问题：你看起来心情不好。你生气了吗？

回答：是的！因为我生存的地方太难找到食物了！

问题：你是说在海里吗？

回答：不只是“在海里”！我的意思是在超过海平面以下2 000米深的深海里，那里又黑又冷。

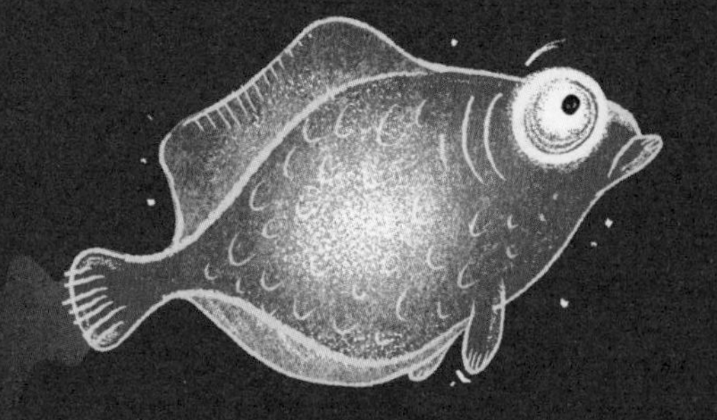

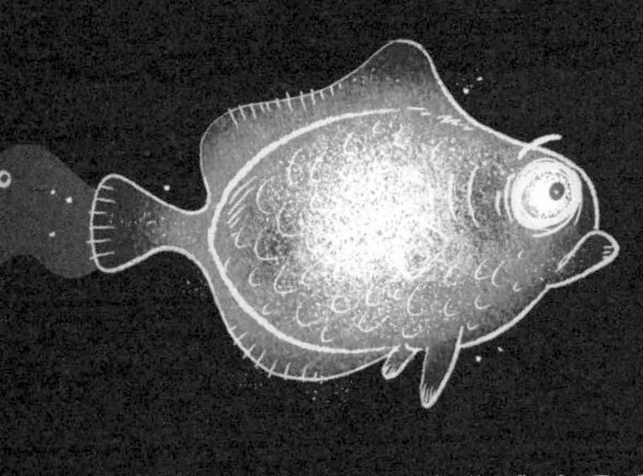

问题：啊，是悬在你头上晃来晃去的这个东西吗？

回答：是的，就是它。有些琵琶鱼可以摆动它，让它看起来就像味道鲜美的小动物。

问题：但是其他生物是怎么在黑暗的环境中看到它的呢？

回答：它自己会发光，它的末端有能够分泌发光物质的细胞。但愿它作为诱饵的效果能更好一些！

问题：真聪明！那么，这种光会吸引什么样的动物呢？

回答：鱿鱼、虾、海虫等。我可以把我的大嘴张得大大的，然后“砰”的一下快速抓住它们！说得我都有点饿了！

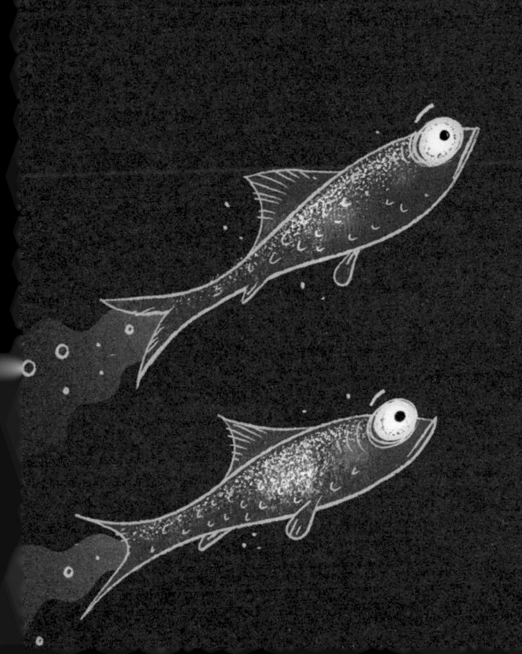

问题：狼外婆，为什么你的牙齿这么大？
回答：你在说什么？

问题：啊，抱歉，你让我想起了《小红帽》的故事。
回答：别开玩笑了！我需要这些锋利的牙齿来抓住滑不溜秋的鱼。如果我吃的东西比我的体形还要大，它会设法逃脱的！我可以用牙齿把它们固定住。

问题：很抱歉，你刚才是说你可以吃比你自己体形还要大的东西吗？
回答：是的！这个我也要解释一下吗？

问题：呃，嗯，采访就是这样的……
回答：哦哦，不好意思。我的嘴巴特别大，而且我的肚子是有弹性的，我的骨头也很柔软，甚至可以弯曲，所以我可以囫囵吞下很多大型动物。

问题：这些生存能力真奇特。所以，你不需要追逐猎物，只需要等待猎物上钩就可以了。这种方式有点儿像超市配送服务。
回答：你在说什么？你们人类可真奇怪……总之，是的，我是一条可以钓鱼的鱼，不是一个会打猎的猎人。如果周围食物匮乏，为了减少能量消耗，我会随波逐流地漂浮在海洋里。

问题：你是雄性还是雌性？
回答：我是雌性，所以我体形才这么大。雄性体形很小。

问题：它们会咬你吗？我听到过这种传言。
回答：确实会。有些品种的琵琶鱼，雄性会用它们的牙齿咬破雌性的腹部，然后，把它自己永远贴附在雌性的身体上。

问题：呃，雄性怎么吃东西？

回答：雄性的身体会和雌性的身体融合在一起，所以它们会共享血液和食物。但雄性会失去它们的眼睛和其他器官。很神奇，是吗？

问题：确实神奇。

回答：我现在得走了，我饿了！

你能做些什么

生物很神奇，不是吗？全世界有许许多多不同种类的生物，它们各自过着丰富有趣的生活。我希望你和我一样喜欢这本书里出现的海洋生物。遗憾的是，我在这里采访的一些海洋巨无霸将来有可能会从地球上消失。是的，它们已经濒临灭绝。这意味着它们的数量低于自然界应有的数量。

那么，你能做些什么来拯救这些神奇的海洋生物呢？好的，首先，你要做的是和大家一起更好地保护我们的地球。为了确保未来几年人们还可以看到蓝鲸、魔鬼鱼和其他海洋生物，你可以采取以下办法。

1. 走出屋子

这有助于让你了解海洋是什么样子的。让父母带你去海边旅行一次。

≈沿海岸散散步——去观鸟。
≈参观海洋生物中心。
≈顺便看一看生活在岩石区的海洋生物。
≈在海滩上探寻海洋生物的痕迹。

2. 加入本地社群

世界各地都有一些了不起的人在努力保护我们的地球环境。你也可以参与他们的活动，成为动物保护组织的新成员，如野生动物保护协会等。

3.清理海滩

如果你居住在大海附近，那么你可以与其他人一起保护当地海滩的环境，使之更适合海洋生物生存。重要的是你要号召父母或者其他人同你一起去做这些事情。

≈全家人一起去拣海滩上的垃圾：使用手套或垃圾捡拾器收集塑料瓶或其他塑料垃圾。记住，不要将收集到的垃圾放入已满的垃圾箱内，因为垃圾箱装满后，新投入的垃圾会掉出来，又会重新回到海滩！
≈向人们宣传保护海洋环境的重要性，增强大家的海洋意识。
≈参加保护海洋生物的志愿活动。

4. 多做环保的事情

大多数物品在制造和使用过程中都需要消耗能源，这可能会造成严重的环境污染。交通环境的恶化也在加剧气候变化，而这一切都在影响着海洋生物的生存状态。因此你在生活中可以多做一些环保的事情。

≈不用照明灯时关掉它。
≈充电结束后拔掉充电器。
≈用完电器设备后关掉电源。
≈选择步行或骑自行车进行短途旅行，而不是乘车。
≈尽量做到物品的再利用、回收再利用。
≈不乱丢垃圾。

5. 避免使用塑料制品

我们现在知道，塑料碎片开始逐渐侵入全球各地的海洋环境中。许多海洋生物会吞食这些塑料碎片，这对它们没有一点儿好处。

≈不要使用塑料袋。尽量使用可以重复利用的布袋子。
≈喝饮料时，使用那些可以回收利用的玻璃瓶，而不是塑料瓶。
≈尽量用肥皂代替塑料瓶里的洗发水和洗衣液。

6. 多做环保宣传

为了帮助海洋生物，我们需要越来越多的人做出改变。你可以用制作宣传单等方式鼓励人们，表明你希望人们能够保护海洋和海洋生物。

7. 了解更多

本书帮助你了解了一些海洋生物特殊的生活习性。你可以利用当地图书馆了解更多信息，了解你还能为保护我们神奇的地球做些什么。

小测试

你能回答与本书中提到的10种海洋生物有关的趣味问题吗？试一试吧！所有答案本书都曾提到过（答案就在这一页的最下面）。

1. 公牛鲨有可能会出现在哪些令人不可思议的地方？

a. 潮水潭　b. 鞋店　c. 淡水河流　d. 你的浴室

2. 蓝鲸的粪便是什么颜色的？

a. 蓝色　b. 橙黄色　c. 白色　d. 黄色但带有紫色斑点

3. 一群虎鲸叫什么？

a. 虎鲸群　b. 虎鲸板　c. 虎鲸座　d. 虎鲸坑

4. 大王乌贼有几个触手比其他触手还长？

a. 2　b. 8　c. 10　d. 731

5. 独角鲸的角是什么？

a. 一个巨大的牙齿　b. 一个角　c. 一块特殊的骨头　d. 一根电视天线

6. 魔鬼鱼身上覆盖着什么？

a. 鳞片　b. 丘疹　c. 帽贝　d. 黏液

7. 德国人管海洋太阳鱼叫什么？

a. “游泳的头”　b. “游泳的屁股”　c. “鹅蛋脸”　d. “漂浮的派”

8. 以下哪一种是章鱼最喜欢的食物？

a. 胡萝卜　b. 螃蟹　c. 水獭　d. 甜品

9. 海鳗能做到而大多数鱼类做不到的事情是什么？

a. 读写　b. 变色　c. 系鞋带　d. 倒退游动

10. 是什么让琵琶鱼的诱饵在黑暗中发光？

a. 发光细胞　b. 电池　c. 煤　d. 可以发光的血液

答案：1c 2b 3a 4a 5a 6d 7a 8b 9d 10a